ORUGAS ESPELUZNANTES PERO GENIALES

Tracy Nelson Maurer
Traducción de Sophia Barba-Heredia

Un libro de El Semillero de Crabtree

Crabtree Publishing
crabtreebooks.com

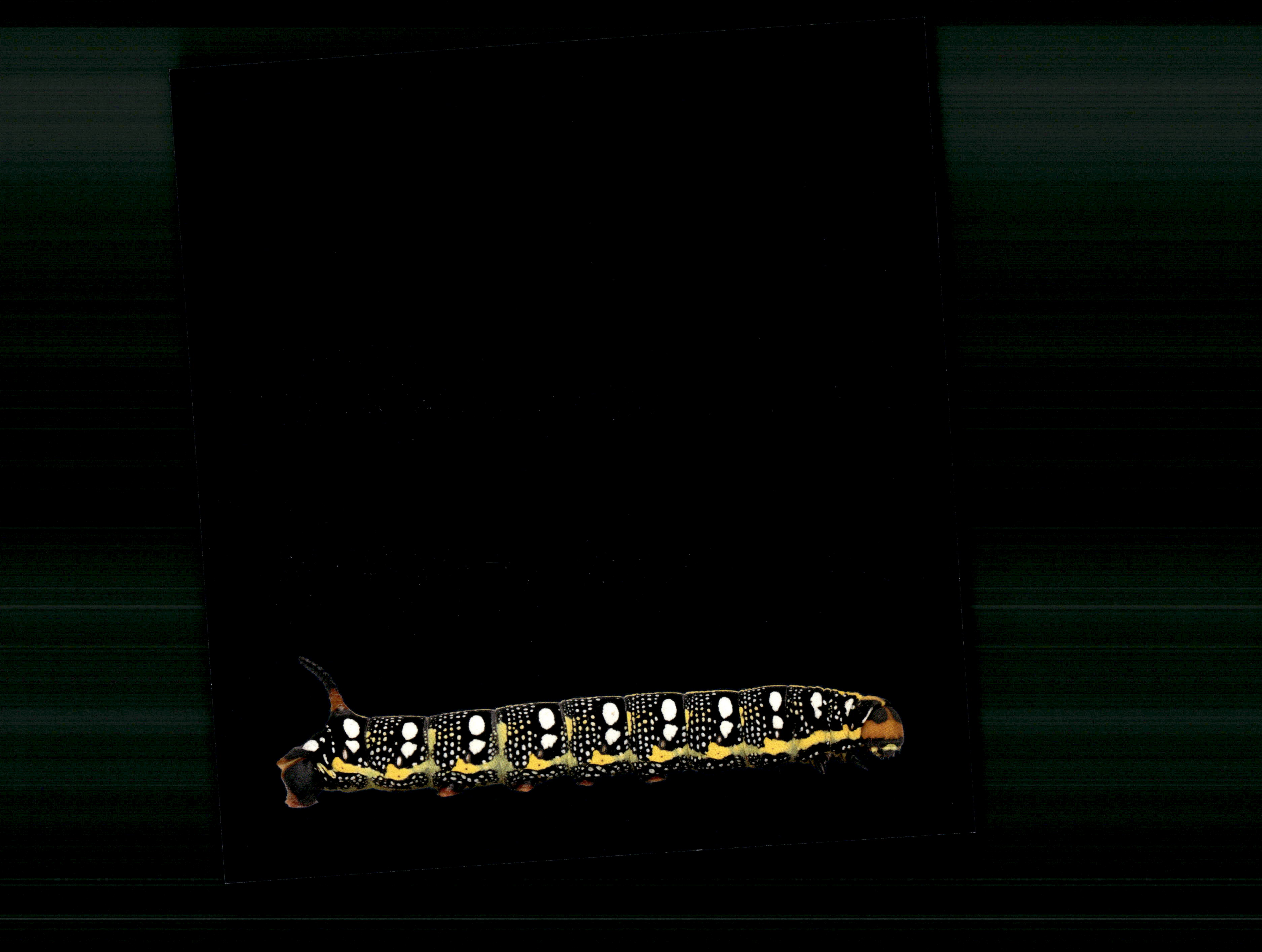

ÍNDICE

ORUGAS MARAVILLOSAS

Como todos los insectos, las orugas tienen tres secciones del cuerpo y seis patas verdaderas. Las otras patas son llamadas pseudopatas.

pseudopata
Las pseudopatas están pegadas al abdomen.

abdomen
El abdomen consiste en diez segmentos.

oruga de polilla esfinge cuerno de gusano

cabeza
La primera sección del cuerpo de la oruga.
tórax
El tórax consiste en tres segmentos.
pata verdadera
La pata verdadera está pegada al tórax.

Las orugas no tienen pulmones. Respiran a través de unos orificios en su piel.

oruga de polilla imperial

Línea de orificios de respiración en el cuerpo de las orugas.

APARIENCIAS ENGAÑOSAS

Las orugas pueden ser pequeñas, gigantes, suaves, peludas, espinosas o cubiertas en viscosidad.

oruga de polilla satúrnido

¿ESPELUZNANTE O GENIAL?

El inofensivo diablo con cuernos de nogal crece hasta seis pulgadas (15 centímetros) de largo. Es una de las orugas más grandes del mundo.

Pájaros, ratones, serpientes y otros insectos comen orugas. Las orugas a menudo usan su apariencia para evitar convertirse en la cena.

¡La oruga papilio cresphontes evita convertirse en la cena al parecerse a la popó de un ave!

*Los ojos falsos de la oruga de cola de golondrina asustan a los **depredadores**.*

Muchas orugas usan el camuflaje para esconderse de sus depredadores. Otras usan colores brillantes para advertir a sus depredadores que se mantengan alejados.

La oruga geometridae parece parte de una planta.

La oruga de mariposa monarca es venenosa. Sus franjas significan: «Manténte alejado».

DEVORADORES FEROCES

¡Las orugas viven para comer! La mayoría de las orugas comen plantas. Sus fuertes y duras mandíbulas cortan como tijeras.

¿ESPELUZNANTE O GENIAL?

Algunas orugas son carnívoras. Comen arañas, insectos o huevos de insectos.

CICLO DE VIDA

Los huevos de oruga son puestos en las hojas de las plantas favoritas de las orugas. Los huevos usualmente lucen como pequeñas perlas, grumos o burbujas duras.

Las orugas de mariposa monarca salen de sus huevos y luego se comen el cascarón.

viejo exoesqueleto

Después de salir del cascarón, conforme van creciendo, las orugas **mudan**. Se sacuden su viejo **exoesqueleto** unas cinco veces.

Al terminar su proceso de crecimiento, las orugas comienzan la **fase de crisálida**.

Estas orugas de monarca están en la fase de crisálida de su ciclo de vida.

crisálida de mariposa

capullo de polilla

Dentro de la crisálida o capullo, el cuerpo de la oruga cambia.

Se convierte en una mariposa o polilla. ¡Increíble!

¿QUÉ APRENDISTE?

Responde cada pregunta. Encuentra en el libro la oración que prueba tu respuesta.

1. Las orugas son insectos porque:
   a. Tienen seis patas verdaderas.
   b. Tienen muchas secciones del cuerpo.
   c. Son de muchos colores diferentes.

2. Las orugas salen de huevos.
   Verdadero   Falso

3. ¿Cuál oración no es verdadera?
   a. Las orugas respiran a través de orificios en su piel.
   b. La oruga en crecimiento muda una vez.
   c. Muchas orugas usan el camuflaje para esconderse de depredadores.

Respuestas: **1.** a, **2.** verdadero, **3.** b

capullo: La cubierta protectora tejida en la cual la oruga de polilla se transforma en adulto.

crisálida: El caparazón protector en el que la larva de mariposa se transforma en adulto.

depredadores: Animales que cazan a otros animales para alimentarse.

exoesqueleto: Duras cubiertas exteriores que soportan el cuerpo de los animales sin huesos.

fase de crisálida: La fase de crecimiento entre oruga y adulto que ocurre en el duro caparazón.

mudan: Que se desprenden de la piel o cubrimiento exterior para poder crecer.

ÍNDICE ANALÍTICO

Apoyos de la escuela a los hogares para cuidadores y maestros

Este libro ayuda a los niños en su desarrollo al permitirles practicar la lectura. Abajo están algunas preguntas guía para ayudar al lector a fortalecer sus habilidades de comprensión. En rojo hay algunas opciones de respuesta.

Antes de leer:

- **¿De qué pienso que tratará este libro?** *Pienso que este libro es sobre orugas geniales. Pienso que este libro es sobre orugas que se transforman en mariposas.*
- **¿Qué quiero aprender sobre este tema?** *Quiero aprender cómo se mueven las orugas. Quiero aprender qué comen las orugas.*

Durante la lectura:

- **Me pregunto por qué...** *Me pregunto por qué las orugas se transforman en mariposas. Me pregunto por qué algunas orugas son tan bonitas.*
- **¿Qué he aprendido hasta ahora?** *Aprendí que algunas orugas son carnívoras y comen arañas, insectos y huevos de insectos. Aprendí que la mayoría de las orugas comen plantas.*

Después de leer:

- **¿Qué detalles aprendí de este tema?** *Aprendí que las orugas no tienen pulmones y que respiran a través de hoyos en su piel. Aprendí que hay orugas que se transforman en mariposas y otras en polillas.*
- **Lee el libro de nuevo y busca las palabras del glosario.** *Veo las palabras **fase de crisálida** en la página 18 y la palabra **capullo** en la página 19. Las demás palabras del vocabulario están en la página 23.*

Crabtree Publishing

crabtreebooks.com 800-387-7650

Print book version produced jointly with Blue Door Education in 2022

Content produced and published by Blue Door Publishing LLC dba Blue Door Education, Melbourne Beach FL USA.

Hardcover 978-1-0396-1855-8
Paperback 978-1-0396-1867-1
Ebook (pdf) 978-1-0396-1879-4
Epub 978-1-0396-1891-6
Read-along 978-1-0396-1903-6
Audio book 978-1-0396-1915-9

Printed in Canada/062023/CP20230602

Library and Archives Canada Cataloguing in Publication
Title: Orugas / Tracy Nelson Maurer ; traducción de Sophia Barba-Heredia.
Other titles: Caterpillars. Spanish
Names: Maurer, Tracy Nelson, 1965- author. | Barba-Heredia, Sophia, translator.
Description: Series statement: Espeluznantes pero geniales | Translation of: Caterpillars. | Includes index. | "Un libro de el semillero de Crabtree". | Text in Spanish.
Identifiers: Canadiana (print) 20210257296 | Canadiana (ebook) 2021025730X | ISBN 9781039618596 (hardcover) | ISBN 9781039618718 (softcover) | ISBN 9781039618831 (HTML) | ISBN 9781039618954 (EPUB) | ISBN 9781039619074 (read-along ebook)
Subjects: LCSH: Caterpillars—Juvenile literature.
Classification: LCC QL544.2 .M3818 2022 | DDC j595.7813/92—dc23

Published in Canada
Crabtree Publishing
616 Welland Avenue
St. Catharines, Ontario
L2M 5V6

Published in the United States
Crabtree Publishing
347 Fifth Avenue
Suite 1402-145
New York, NY 10016

Written by Tracy Nelson Maurer
Translation to Spanish: Sophia Barba-Heredia
Spanish-language layout and proofread: Base Tres

Photo credits: www.shutterstock.com - www.istock.com. Cover © Alex_187 - Page 2-3 istock.com/GlobalP. page 4-5 © Palo_ok. page 6-7 © Matt Jeppson. Page 8-9 © Dr. Morley Read. page 9 creepy but cool callout © Matt Jeppson. page 10 top photo © Tyler Fox, bottom photo © Dean Evangelista. page 11 top photo © Tyler Fox, bottom photo © James Laurie. page 12, 13 © KratochvilP. page 14-15 © Henrik Larsson, inset photo © Cathy Keifer. page 16-17 © Johan Larson. page 18 © Cathy Keifer, page 19 top © PhotonCatcher, bottom © Eric. Isselee. page 20-21 © Laurie Barr

Library of Congress Cataloging-in-Publication Data
Names: Maurer, Tracy Nelson, 1965- author.
Title: Orugas / Tracy Nelson Maurer ; traducción de Sophia Barba-Heredia.
Other titles: Caterpillars. Spanish
Description: New York : Crabtree Publishing, 2022. | Series: Espeluznantes pero geniales - un libro el semillero de Crabtree | Includes index.
Identifiers: LCCN 2021031743 (print) | LCCN 2021031744 (ebook) | ISBN 9781039618596 (hardcover) | ISBN 9781039618718 (paperback) | ISBN 9781039618831 (ebook) | ISBN 9781039618954 (epub) | ISBN 9781039619074
Subjects: LCSH: Caterpillars--Juvenile literature.
Classification: LCC QL544.2 .M28718 2022 (print) | LCC QL544.2 (ebook) | DDC 595.7813/92--dc23
LC record available at https://lccn.loc.gov/2021031743
LC ebook record available at https://lccn.loc.gov/2021031744